Jules Jamin

Études sur la chaleur statique

Dulong et Petit

ISBN : 978-1722100940

10 9 8 7 6 5 4 3 2 1

Jules Jamin

Études sur la chaleur statique

Dulong et Petit

Table de Matières

Introduction

On voit souvent deux hommes habiles associer leurs efforts afin d'étudier ensemble une branche des sciences d'observation ; ils mettent en commun leurs espérances, leurs travaux, leurs succès, et laissent à la postérité, qui ne les sépare plus, des noms indissolublement unis. Dans les œuvres de l'imagination, de pareilles collaborations, plus rares et moins durables, naissent de circonstances spéciales avec lesquelles elles meurent : elles enfantent des œuvres sans unité, où l'on devine aisément l'influence de deux individualités qui ne cessent de se combattre et se hâtent de reprendre leur liberté. Rien au contraire n'est plus heureux, plus fécond, plus durable, que la communauté des travaux dans l'étude de la philosophie naturelle : un fonds d'estime et d'amitié réciproques, une éducation scientifique égale qui, en donnant à l'esprit des habitudes communes, n'exclut pas la diversité des aptitudes, suffisent pour former, développer et maintenir des liaisons que le succès vient encore resserrer. Là, point de divergence de goûts, point de sacrifice d'opinions, car les vérités scientifiques se composent de faits que l'on observe, elles ne sont point des croyances que l'on discute.

Les deux hommes dont nous avons à examiner les travaux étaient dignes de se rencontrer. Dulong et Petit, dont les découvertes se lient aux récents progrès de la physique moderne dans une de ses directions les plus fécondes,[1] avaient à peu près le même âge et sortaient à peine de l'École polytechnique. À cette institution célèbre, devenue, par un heureux privilège, comme le berceau des savants français, ils avaient recueilli avec le même succès une éducation mathématique profonde, tempérée par l'étude des sciences d'observation. Ils avaient tous les deux apprécié l'importance de l'expérimentation, senti le besoin de la rendre précise, et compris la nécessité d'exprimer les lois naturelles par le langage des mathématiques, qui seul peut les développer et les coordonner. Avec ces éléments communs, ils molliraient des esprits entièrement dissemblables : Petit avait l'intelligence vive, la parole élégante et facile, il séduisait par des dehors aimables, il

---

1 Les études sur la chaleur. Voyez, sur *la Chaleur rayonnante* et les travaux d'Herschel et de Melloni, la *Revue* du 15 décembre 1854.

s'attachait aisément, et s'abandonnait à ses tendances plutôt qu'il ne les gouvernait ; on lui reconnaissait une facilité d'intuition scientifique en quelque sorte instinctive, une puissance d'invention prématurée, présages certains d'un avenir assuré que chacun prévoyait et même désirait, tant était grande la bienveillance qu'il avait su inspirer. Dulong était tout l'opposé ; son langage était réfléchi, son attitude grave et son apparence froide. Une surveillance constante sur lui-même, un sentiment sévère du devoir, enlevaient à sa personne le charme de l'abandon, en lui assurant l'estime de tous ceux qui le connaissaient. Il travaillait lentement, mais avec sûreté, avec une continuité et une puissance de volonté que rien n'arrêtait, je devrais dire avec un courage qu'aucun danger ne faisait reculer. À défaut de cette vivacité de l'esprit qui invente aisément, mais qui aime à se reposer, il avait le sentiment de l'exactitude scientifique, le goût des expériences de précision, le talent de les combiner, la patience de les achever, et l'art, inconnu jusqu'à lui, de les porter jusqu'à la limite possible de l'exactitude. Quand l'âge eut développé les qualités de son esprit et de son cœur, Dulong avait conquis une autorité immense et un respect universel. Tels sont les traits principaux de ces deux hommes célèbres. Petit avait plus de tendance mathématique, Dulong se montrait plus expérimentateur ; le premier portait dans le travail plus de facilité brillante, le second plus de continuité ; celui-là représentait l'imagination, celui-ci la raison, qui la modère et la contient. L'on peut dire que de l'effort commun de ces deux esprits si élevés, mais si diversement doués, appliqué à une même étude, il sortait comme une intelligence unique à laquelle les qualités les plus brillantes et les plus solides auraient été dévolues.

C'est vers l'année 1815 que commença entre Dulong et Petit cette communauté scientifique qui devait avoir de si féconds résultats. Une occasion toute naturelle en fut la cause. Newton avait, dans ses opuscules, étudié, entre autres problèmes importants, celui du refroidissement que les corps éprouvent quand, après avoir été échauffés, ils sont librement suspendus et abandonnés à eux-mêmes dans l'air. Tout le monde comprend qu'ils exhalent peu à peu la chaleur qu'on y a accumulée, et qu'ils en perdent dans le même temps des proportions d'autant plus grandes qu'ils en contiennent davantage, c'est-à-dire qu'ils sont plus échauffés. Or Newton avait admis qu'un corps à 100 degrés perd deux fois plus de chaleur qu'à 50 et cent fois plus qu'au moment où sa température dépasse de 1 degré celle de l'air qui l'entoure, ou, pour accepter le langage ordinaire des sciences, que tout corps chaud perd des quantités de chaleur proportionnelles à l'élévation de sa température sur celle de l'enceinte.

Cette loi était d'une simplicité remarquable, elle avait une grande probabilité théorique, et bien qu'elle n'eût pas été pratiquement vérifiée par Newton, elle fut accueillie comme l'étaient toutes les opinions de ce grand génie. On l'admit de confiance, et quand on songea à la soumettre au contrôle de mesures précises, c'était plutôt avec l'intention de la justifier qu'avec la pensée de la combattre. Cependant les expériences se firent, et l'attente de ceux qui les avaient entreprises se trouva déçue ; la loi de Newton, à peu près exacte quand les corps sont peu chauds, cesse de représenter fidèlement le refroidissement des substances portées à une température élevée. Malgré ces enseignements de l'expérience, on ne se résolut à renoncer à l'œuvre de Newton qu'après avoir épuisé tous les subterfuges. Un homme qui eut dans la science une grande autorité et qui la devait encore plus à son imagination qu'à la rigueur de ses recherches, Dalton, fut un de ceux que cette inexactitude de la loi de Newton embarrassa le plus ; mais, loin de la vouloir abandonner pour cette raison qu'elle était fausse, il chercha à modifier les principes des thermomètres pour la conserver. cette étrange méthode n'eut pas de succès : la loi de Newton, comme toutes les opinions inexactes, comme toutes les erreurs, tomba dans un complet discrédit après avoir provoqué plus de discussions pour la détruire qu'il n'aurait fallu d'expériences pour la corriger. Tout à coup, au moment où personne ne songeait plus à la défendre, cette loi reprit un intérêt inattendu : Fourier venait d'étudier mathématiquement la distribution de la chaleur dans les corps, et son travail, si justement célèbre, supposait précisément que la loi de Newton présidait au mouvement de la chaleur. C'était prendre pour principe un fait démontré faux, c'était bâtir une théorie mathématique sur une base qui manquait de solidité ; mais ce qui étonna davantage, c'est que le calcul de Fourier expliqua tous les faits connus, et qu'il en fit découvrir qui ne l'étaient pas : on suspectait les principes, et l'on se voyait contraint d'accepter les conséquences. La question du refroidissement reprenait ainsi un intérêt tout nouveau, et acquérait une importance qu'elle n'avait jamais eue. L'Académie des Sciences fit appel aux physiciens, et mil le sujet au concours ; c'est à cette occasion que Dulong et Petit se réunirent pour le traiter en commun, c'est par l'ensemble d'études ainsi provoqué que commence leur vie scientifique.

Les sciences d'observation sont loin de procéder, comme les mathématiques, par des méthodes d'exploration tellement sûres, que l'erreur y soit impossible. Dans les sciences exactes, les découvertes sont des déductions logiques de principes, qui s'enchaînent avec la rigueur la plus absolue : elles sont acquises à tout jamais du moment qu'elles ont été énoncées. Le développement des sciences physiques, au contraire, résulte de l'ensemble d'observations éparses, souvent incomplètes, quelquefois mal faites, exécutées par des personnes qui n'ont point de but commun, qui y apportent une habileté individuelle très inégale, et qui sont à chaque instant exposées ou à généraliser indûment des faits particuliers, ou à mesurer inexactement les phénomènes qu'elles observent. De là vient qu'à chaque époque la physique se résume dans un certain nombre de lois admises, parmi lesquelles il en est qui sont vraies, comme on en voit qui ne le sont pas absolument. Ces lois se composent d'un mélange de notions précises et de connaissances approximatives, sans qu'on puisse distinguer les vérités qu'il faut conserver des erreurs qu'il faut détruire. Si c'est là le sort des sciences d'observation à chacune des phases qu'elles parcourent, c'est surtout leur grande imperfection quand elles commencent, et l'étude de la chaleur naissait à peine au moment où Dulong et Petit résolurent de s'y consacrer. Ils héritaient de toutes les idées vagues, de tous les préjugés des époques passées, et ils reconnurent qu'une revue minutieuse des principes qui allaient les diriger, des instruments dont ils feraient usage, devait être leur premier soin et leur plus judicieux devoir. On va comprendre que jamais précaution ne fut plus indispensable.

Pour découvrir les lois qui règlent le refroidissement des corps, il fallait prendre l'un d'eux, l'échauffer sur un foyer, l'exposer librement dans l'air, et observer d'instants en instants la marche successive et décroissante de sa température : l'emploi d'un thermomètre était donc indispensable. Or, depuis Drebbel et Galilée, chaque physicien avait pour ainsi dire inventé son thermomètre. Loin de manquer d'instruments, on en avait un trop grand nombre ; mais étaient-ils comparables ou ne l'étaient-ils pas ? C'était ce que l'on savait à peine. Quel était celui qu'on devait préférer ? C'est ce qu'on ne discutait guère. On se contentait d'examiner leurs indications, et l'on disait que la température est égale à 10, 15 ou 20 degrés, quand le liquide thermométrique s'arrête vis-à-vis ces chiffres sur l'échelle de l'appareil ; mais on ignorait de la manière la plus complète ce que cette température signifie, et par quelle relation elle se lie à la cause qui échauffe les corps. Toutes les discussions qui avaient été soulevées sur cette matière n'avaient fait que l'obscurcir ; le thermomètre était resté un instrument très imparfait, et ses indications n'avaient aucune signification théorique. Dulong et Petit sentirent dès les premiers pas l'insuffisance des connaissances que l'on possédait sur cette question, et résolurent, en la reprenant de plus hauts de la traiter plus complètement ; ils voulurent en premier lieu comparer les dilatations des corps, afin de pouvoir comparer les thermomètres entre eux, discuter leurs indications, et donner à la mesure des températures une signification précise. Sans doute ce plan d'études était long et allait les entraîner bien loin, mais il était sûr et logique. En le concevant et en l'exécutant, les deux jeunes physiciens donnèrent le premier signe de l'étendue de leurs idées et de l'enchaînement philosophique qui réunissait dans leur esprit les diverses parties de la science. C'est ainsi qu'ils furent conduits, en voulant traiter les questions contenues dans le programme de l'Académie, à en reculer les bornes et à en préparer la solution par des recherches préliminaires, se réservant déjà de les continuer par des développements ultérieurs. Une fois ce plan adopté, Dulong et Petit allaient avoir à porter leur attention sur quelques-uns des problèmes les plus importants de la physique, et en faisant aujourd'hui l'étude de leurs travaux, nous aurons l'occasion de parcourir les principaux phénomènes que la chaleur développe dans les corps en les échauffant, comme en suivant Herschel et Melloni nous avons précédemment parcouru les lois de la chaleur rayonnante.

Section I

La chaleur se révèle par deux ordres de phénomènes entièrement dissemblables. Quelquefois elle est lancée dans l'espace par les astres ou les foyers ; elle se propage alors avec une vitesse immense, elle traverse l'air sans s'y arrêter, elle pénètre les corps transparents sans y laisser aucune trace de son action : elle est alors *chaleur rayonnante*. Puis, quand un de ces flux calorifiques rencontre un corps opaque interposé à dessein dans le chemin qu'il parcourt, il s'y arrête et se transforme ; le corps prend, sous l'influence de cette chaleur, quand on en prolonge l'effet et qu'on en augmente l'intensité, des propriétés progressivement différentes : il était froid, il s'échauffe, et quand nous le touchons avec la main, nous sentons une impression, d'abord douce et agréable, bientôt cuisante et insupportable, enfin brûlante et destructive. Il était solide et avait un volume déterminé : nous le voyons se dilater, c'est-à-dire augmenter peu à peu ses dimensions, puis se fondre et devenir liquide, et se réduire en dernier lieu en vapeur ou en gaz.

Nous assistons ici à un phénomène dont la signification a besoin d'être précisée. La chaleur vient de subir une transformation radicale : elle se propageait rapidement, elle vient de s'arrêter ; elle était en mouvement, elle devient *statique* ; elle traversait les substances sans les modifier, maintenant elle les échauffe, elle s'y accumule, elle prend un deuxième mode d'existence avec des propriétés toutes différentes, par une métamorphose complète.

Plaçons maintenant dans l'air le corps que nous venons d'échauffer, il se refroidira progressivement, en émettant de la chaleur rayonnante, en rendant à l'état de mouvement ce qu'il avait absorbé à l'état statique, de façon que si d'une part la chaleur rayonnante peut être absorbée, perdre sa vitesse de propagation et se condenser momentanément dans la matière, de l'autre la chaleur statique peut à son tour reprendre la forme rayonnante. Tous les phénomènes de la chaleur sont ainsi occasionnés par des transformations alternatives d'un principe unique, quelquefois accumulé dans les corps, quelquefois en mouvement de circulation à travers l'espace.

À peine a-t-on aperçu ces deux modes d'existence de la chaleur, qu'on en demande l'explication ; mais c'est là une question qu'il est plus facile de poser qu'il n'est aisé d'y répondre. On avait autrefois un genre d'hypothèse commode qui suffisait à satisfaire la curiosité sans résoudre aucune question. On avait imaginé, pour expliquer les diverses classes de phénomènes obscurs, certaines causes peu définies que l'on désignait sous le nom générique de *fluides* ; les actions électriques étaient rapportées à un fluide, les propriétés magnétiques s'expliquaient de la même manière, et c'étaient encore des fluides qui servaient à personnifier la lumière et la chaleur. On n'avait, il est vrai, que des idées très vagues sur la constitution de ces agents. On les supposait impondérables parce que la balance ne les accusait pas ; ils étaient invisibles, intangibles, incoercibles, c'est-à-dire qu'aucune propriété physique n'en pouvait démontrer l'existence, et qu'on s'était contenté de les nommer sans en préciser la nature ; mais, par cela même qu'ils étaient un produit de l'imagination ou un rêve de l'esprit, on était libre de leur attribuer toutes les propriétés que l'on voulait inventer, lui les créant, on les constituait tels qu'ils eussent tout expliqué s'ils avaient existé, et quand on venait à découvrir un phénomène nouveau, on s'empressait d'ajouter à la liste de leurs qualités une vertu nouvelle qui rendait compte du fait observé. L'habitude en était tellement prise, que l'existence des fluides semblait un fait démontré, et qu'on n'hésitait pas à en inventer de nouveaux à mesure que le besoin s'en présentait. La chaleur était donc un fluide, elle pouvait être lancée par certains corps échauffés dont elle s'éloignait en émanations divergentes, et d'où elle tombait comme une pluie de projectiles extrêmement petits sur les corps opposés. À cet état elle était *rayonnante*, mais quand elle venait à s'accumuler dans une substance interposée sur son passage, elle devenait *statique* et occasionnait réchauffement. Rien n'était simple comme cette explication, mais rien n'était vague comme elle, et l'on doit convenir qu'elle résultait du même procédé d'imagination que celui dont les anciens faisaient usage en attribuant la réflexion du son aux plaintes de la nymphe Écho et la foudre aux carreaux de Jupiter.

On fit un grand progrès philosophique quand on s'aperçut que des hypothèses n'étaient pas des explications, que les *fluides* étaient des mots, que l'intervention de ces principes imaginaires n'avait d'autre effet que de dissimuler l'ignorance où l'on était des causes réelles. L'étude de la lumière à un point de vue plus rationnel fit justice du fluide de Newton : on démontra que la lumière était un mouvement vibratoire de l'éther, et cette théorie s'étendit à la chaleur rayonnante ; mais après cette explication si rationnelle et tout à fait mathématique du rayonnement, on dut chercher la cause de la chaleur statique. Vraisemblablement elle est elle-même une manifestation de mouvements intestins dans les molécules des corps échauffés. Ces substances, quand elles rayonnent la chaleur, sont dans des conditions de mouvement analogues à celles des instruments sonores au moment où ils émettent le son. Soutenue par Ampère, cette explication a été développée par lui dans des calculs ingénieux, et confirmée par des travaux récents. Nous la mentionnons pourtant sans la développer, parce qu'elle est encore vague et que nos connaissances sur ce point sont loin d'être complétées. Un tel aveu ne coûte pas dans les sciences d'observation ; reconnaître que l'on ne sait pas vaut mieux qu'inventer une explication : c'est promettre d'apprendre, et le meilleur des procédés pour arriver à la découverte d'une cause inconnue, c'est d'en étudier et d'en mesurer les effets. Dulong et Petit n'ont jamais essayé de traiter cette question de la nature de la chaleur. Ils étaient trop sérieux pour se payer d'explications vagues, et trop clairvoyants pour ne pas reconnaître que le moment d'une généralisation n'était pas arrivé. Ils se condamnèrent à l'étude des phénomènes de la chaleur sans en rechercher la cause, tâche moins brillante peut-être, mais plus utile sans doute. Ils commencèrent par la dilatation.

Tous les corps s'agrandissent quand on augmente leur température ; c'est une loi que révèlent les observations même les plus simples. Faites rougir une barre de fer et mesurez-la, vous la trouverez allongée ; remplissez un flacon avec un liquide, il débordera quand vous le chaufferez, observez un ballon qui s'élève dans l'air, vous le verrez se gonfler quand les rayons du soleil tomberont sur l'enveloppe qui renferme le gaz intérieur. Ces augmentations de volume ou de longueur, bien que généralement fort petites, sont cependant loin d'échapper à nos mesures : un chemin de fer qui serait formé de rails continus, mesurant 1,000 kilomètres, pourrait s'allonger de plus de 1,000 mètres par les variations extrêmes de l'atmosphère. On comprend qu'un phénomène si général, quelquefois si étendu, ne sera pas sans influence dans les opérations des arts ou de l'industrie. La dilatation agrandit les feuilles de zinc qui couvrent les édifices et les déchire ; si on n'y prend garde, elle brise ou elle courbe les tuyaux de fonte qui conduisent le gaz ou les eaux ; elle avance ou retarde les horloges en changeant la longueur des balanciers ; elle intervient dans les détails de la vie intime elle-même. On ne s'étonnera donc point qu'en vue de toutes ces applications les physiciens se soient occupés des changements de dimensions occasionnés par les variations de la température. Les plus illustres d'entre eux y ont mis tous leurs soins et ont minutieusement mesuré et comparé les dilatations des divers corps. Laplace, Lavoisier, Dalton, Gay-Lussac et beaucoup d'autres savants avaient laissé sur cette matière des travaux étendus. Loin d'aborder un sujet neuf, Dulong et Petit s'adressaient à un de ceux qui avaient été le mieux étudiés et peut-être le plus approfondis ; ils eurent néanmoins l'art de lui rendre de l'intérêt, en considérant la question à un point de vue plus général et en imaginant pour la résoudre des appareils ingénieux dont nous essaierons de donner une idée.

En voulant mesurer la dilatation des liquides, ils furent immédiatement arrêtés par une difficulté grave. On peut, il est vrai, enfermer un liquide dans un tube de verre disposé comme ceux des thermomètres, et mesurer l'augmentation de l'espace qu'il occupe quand on l'a échauffé de quelques degrés, mais on fait alors une épreuve compliquée dans laquelle deux actions différentes interviennent à la fois. Il est bien vrai que le liquide se dilate et que son niveau doit s'élever dans le tube ; mais d'un autre côté le tube se dilate lui-même, sa capacité s'agrandit au moment où il s'échauffe, et ces deux effets se combinent et se superposent. Supposons un instant qu'ils puissent se produire successivement au lieu de se développer simultanément : on verrait d'abord le liquide baisser dans le tube au moment où le vase prendrait un plus grand volume, et remonter ensuite quand il se dilaterait lui-même. L'une des actions est ainsi opposée à l'autre, et si l'on mesure la dilatation apparente dans le tube de verre, on obtient uniquement la différence des augmentations de volume individuellement éprouvées par le liquide et le vase. On est donc conduit à chercher un procédé différent pour mesurer la dilatation des liquides. Dulong et Petit le trouvèrent et l'appliqueront sûrement.

Que l'on se figure deux tubes de verre verticaux communiquant entre eux par un canal horizontal qui les réunit par le bas. Si l'on y verse du mercure, il s'établit dans les deux branches à la fois, il prend le même niveau dans les deux parties de l'instrument, et les deux colonnes de mercure, égales en hauteur, se tiennent mutuellement en équilibre. Mais il n'en sera plus ainsi, si, l'un des tubes contenant toujours du mercure, on verse dans l'autre un liquide plus léger, je veux dire moins dense ; la colonne la moins pesante prendra une longueur plus grande ; l'eau, par exemple, s'élèvera treize fois plus que le mercure, parce qu'elle pèse treize fois moins. Les principes posés, replaçons du mercure dans les deux parties de l'appareil ; seulement Chauffons l'une et refroidissons l'autre : nous dilatons le mercure dans l'un des côtés, ci ; qui le rend plus léger ; nous le contractons dans l'autre, ce qui le rend plus lourd, et nous observons alors entre les deux niveaux une différence de hauteur d'autant plus sensible, qu'ils ont été plus inégalement chauffés, et qui peut servir à calculer la dilatation. Cette méthode était neuve, elle était exacte, elle a donné des mesures extrêmement précises ; Dulong et Petit obtinrent en la pratiquant la dilatation que le mercure aurait éprouvée s'il avait pu être enfermé dans un vase indilatable. C'est ce que l'on nomme la dilatation *absolue*. On a trouvé que 5,550 litres de mercure à zéro s'augmentent d'un litre quand on élève leur température d'un degré.

Ce que l'on doit le plus remarquer dans les travaux que nous étudions, c'est la continuité, c'est l'enchaînement qui rattache le dernier résultat au premier fait observé. Pour d'autres expérimentateurs, la connaissance précise de la dilatation du mercure n'eût été peut-être qu'un élément isolé, n'ayant qu'une importance individuelle. Pour Dulong et Petit, elle devient une donnée capitale dont ils vont faire usage dans la recherche des dilatations de tous les corps qu'ils examineront. Ils remplissent en effet avec du mercure, et à la température de zéro degré, un tube de verre terminé en pointe fine, puis ils l'échauffent progressivement, et, comme on doit s'y attendre, ils voient progressivement sortir le mercure à mesure qu'il s'échauffe et se dilate. Seulement, ainsi que nous l'avons déjà indiqué, le liquide sorti du tube n'exprime plus la dilatation absolue, puisque le vase s'est agrandi ; il mesure ce qu'on nomme la *dilatation apparente*, et la différence entre les deux dilatations représente exactement la quantité dont le vase s'est augmenté. Voilà donc un moyen de mesurer la dilatation du verre, et si on répète successivement la même expérience en enfermant du mercure dans des tubes de fer, de cuivre ou d'une substance quelconque, on sera conduit à la détermination exacte des dilatations de tous les solides dont on se sera servi. Ce n'est pas tout. On peut choisir un de ces vases dont on vient de mesurer la dilatation, le remplir d'un liquide quelconque, et faire avec lui l'expérience qui vient d'être exécutée avec du mercure ; on obtiendra la mesure de la dilatation apparente du liquide, et quand on y ajoutera l'agrandissement du vase, on aura la valeur de la dilatation que le liquide éprouverait dans une enveloppe non dilatable. C'est donc la même méthode, les mêmes procédés d'expérience qui s'emploient indifféremment pour la recherche des dilatations des corps solides, liquides et même gazeux, et les physiciens qui apprécient dans tous ses détails l'exactitude extrême des procédés dont nous venons d'exposer les principes savent qu'elle est irréprochable. Dulong et Petit se trouvèrent, par l'exécution de ces diverses mesures, en possession de résultats numériques nombreux, plus vrais que tous ceux que l'on connaissait de leur temps ; il leur restait à les discuter et à comparer entre eux les thermomètres divers dont on se sert habituellement.

Quand on veut construire un thermomètre, on prend un tube de verre allongé ; on soude à l'une de ses extrémités un réservoir dont on calcule à l'avance la capacité, on emplit ce vase avec du mercure, et on ferme la partie supérieure du tube en fondant son extrémité. Quand on vient à échauffer cet appareil, on voit le mercure s'élever dans le tube ; quand on le refroidit, on le fait descendre, et si le degré d'échauffement ne change point, la colonne liquide reste stationnaire. Réduits à cette simplicité, les thermomètres n'auraient entre eux aucune relation, mais on les rend concordants par une graduation identique : on les plonge alternativement dans la glace fondante et dans la vapeur d'eau bouillante, on marque les points où s'arrête le sommet du mercure dans les deux cas, on écrit zéro au premier, 100 au second, et, après avoir tracé 100 divisions égales entre ces deux repères, on les numérote. Telle est la recette simple pour faire un thermomètre. On peut maintenant abandonner cet appareil dans l'air ; on s'apercevra que le sommet de la colonne s'arrêtera tantôt vis-à-vis la division 10, tantôt en face du numéro 15, et l'on dira que la température est ou de 10 ou de 15 degrés.

Avant l'invention du thermomètre, on avait l'idée générale de la température. Nous assistons à chaque instant à des variations considérables dans le degré d'échauffement de l'air qui nous entoure et des substances que nous touchons ; nous en sommes profondément affectés ; la nécessité de nous garantir contre les excès de chaleur ou de froid nous enseigne bientôt que l'état calorifique des corps change perpétuellement, et cet état, nous l'exprimons parle mot général de *température*. Seulement il arrive ici, — ce qui se présente dans presque toutes les questions, — que nous n'avons pas la connaissance intime des causes de nos impressions, et que nous ne pouvons les mesurer autrement que par les effets qu'elles développent. Nous ignorons absolument en quoi consiste l'état calorifique des corps ; mais nous voyons les variations qu'il subit déterminer dans un thermomètre des changements de volume que nous pouvons apprécier : alors nous prenons l'effet pour mesurer la cause, et la température d'un corps à un moment donné s'exprime par la dilatation d'un thermomètre. Nous prenons comme terme de comparaison le degré thermométrique : c'est une unité convenue que nous avons choisie, comme celle de nos monnaies, de nos poids, de nos mesures, et qui varie même d'un pays à un autre. L'idée de température est ainsi devenue plus précise ; au lieu de représenter une qualité vague, elle s'est matérialisée dans un effet physique, et se mesure par les variations de cet effet. Toutefois ce qu'il ne faut point oublier, c'est que la température ainsi définie ne nous donne aucune notion sur la nature de la chaleur, sur la quantité que les corps en contiennent ; elle ne comporte, elle ne rappelle aucune connaissance théorique : elle n'exprime que la dilatation d'un thermomètre spécial.

Après avoir ainsi précisé la signification et la valeur des indications du thermomètre, nous devons faire remarquer que le choix qu'on a fait du mercure pour le construire ne se justifie que par des raisons de convenance pratique, mais que tous les liquides connus pourraient le remplacer dans le tube de verre. On comprend également que tous les corps de la nature, se dilatant par la chaleur, sont propres à devenir des thermomètres. On en peut faire et on en a fait avec des métaux, on peut en construire en mesurant la dilatation des gaz. Tous ces instruirons se graduent de la même manière, on les plonge alternativement dans la glace et dans l'eau bouillante, et les températures se mesurent par la dilatation de chacun d'eux. Si donc nous voulons comparer les indications qu'ils fourniraient dans des circonstances identiques, il suffira de comparer leurs dilatations, et c'est ce qu'ont fait Dulong et Petit. Ils reconnurent alors que ces appareils ne seraient pas d'accord, et pour ne citer qu'un exemple, nous dirons avec ces physiciens qu'au moment où l'air donnerait 300 degrés, le mercure indiquerait 320 et le fer 372 degrés. Nous arrivons ainsi à ces deux conséquences : la première, qu'on peut employer comme substance thermométrique un corps quelconque ; la deuxième, que la température mesurée, outre l'inconvénient d'être une donnée empirique, offrira celui d'être exprimée par des nombres différents avec des thermomètres de diverses natures. Ces résultats tout à fait inattendus imposaient l'obligation de faire un choix parmi les divers thermomètres et de le motiver par des raisons sérieuses. Dulong et Petit passèrent alors à un ordre tout différent de considérations qui devaient les diriger.

Quelle que soit la nature de la chaleur statique, qu'elle résulte d'un mouvement vibratoire des molécules ou de l'existence d'une matière spéciale encore inconnue, il faut reconnaître qu'elle s'accumule dans les corps quand ils s'échauffent et qu'elle les abandonne quand ils se refroidissent, et l'on peut, sans rien préjuger sur sa nature intime, comparer entre elles les quantités de chaleur aussi aisément que l'on compare des poids ou des longueurs. Deux exemples très simples le feront concevoir ; voici le premier : quand on brûle un gramme de charbon, on produit de la chaleur, si on en consume seulement un demi-gramme, on développe encore de la chaleur, mais on en produit moitié moins, et en général la quantité de chaleur qui prend naissance au moment de la combustion est proportionnelle au poids du charbon que l'on brûle. Je cite encore l'exemple suivant : un kilogramme d'eau à la température de zéro ne peut s'échauffer jusqu'à 100 degrés qu'à la condition d'absorber une portion définie de chaleur, mais 2 kilogrammes du même liquide en exigeraient une quantité double, et 1,000 kilogrammes en prendraient mille Ibis plus. On peut donc concevoir, j'imagine, que la chaleur s'accumule et se produit dans des proportions grandes ou petites, mais comparables entre elles, et l'on peut admettre, sans que je doive l'expliquer, que la physique possède des procédés exacts pour mesurer les chaleurs, comme elle en a pour mesurer toutes les autres grandeurs.

Or un thermomètre, quand il s'échauffe, absorbe comme l'eau, comme tous les corps, une certaine quantité de chaleur, et c'est après cette absorption qu'il se dilate et que sa tempérai lire s'élève. Il y a entre le premier et le dernier de ces phénomènes un rapport de cause à effet. Admettons que ce thermomètre passe successivement de 0 à 100, de 100 à 200 et de 200 à 300 degrés : les températures qu'il indique croissent progressivement de quantités égales, les dilatations qu'il éprouve entre chacun de ses états suce sont aussi égales, et tout porte à penser qu'il absorbe, pour passer de chaque température à la suivante, des quantités égales de chaleur. Eh bien ! Dulong et Petit ont montré qu'il n'en est rien, ces quantités de chaleurs sont croissantes. Après avoir constaté ce fait inattendu pour le thermomètre à mercure, ils l'ont vérifié pour tous les autres instruments du même genre que l'on forme avec d'autres substances. Leurs recherches sur toute cette matière avaient ainsi pour conséquence fâcheuse d'avoir démontré, par des preuves décisives, que la température n'a pas de signification théorique, que les thermomètres formés avec des substances différentes ne sont pas concordants, et de plus, que des augmentations égales de température ne résultent pas d'absorptions de quantités de chaleur égales. C'était avoir montré, aussi complètement que possible, que ces thermomètres étaient des instruments très compliqués, très imparfaits, et dont on ne pouvait espérer aucun usage théorique.

Mais s'il était possible de rencontrer une classe de substances qui fussent exemptes des complications que nous venons de regretter, ce seraient elles qu'il faudrait évidemment choisir comme matière thermométrique ; car, si en accumulant successivement dans le thermomètre des quantités de chaleur égales, on produisait des dilatations successives égales, il serait permis, en mesurant les températures, de dire qu'elles expriment les proportions de chaleur que ce thermomètre reçoit. Les températures auraient alors une signification théorique, et, sans cesser d'avoir autant de valeur dans les applications, l'instrument que l'on aurait choisi serait apte à exprimer les lois de la chaleur. Or, suivant Dulong et Petit, ces substances existent : ce sont les gaz. Dès lors ils n'hésitent pas à abandonner le thermomètre a mercure et à le remplacer par un instrument fondé sur la dilatation des gaz, le *thermomètre à air*, moins commode, il est vrai, dans la pratique, mais incontestablement supérieur par sa sensibilité, sa comparabilité absolue, et aussi par la valeur théorique de ses indications.

J'ai voulu exposer, sans l'interrompre, cette longue série d'expériences difficiles et de raisonnements précis ; je désirais en faire ressortir l'importance et l'enchaînement. Je dois maintenant m'arrêter un instant avant de poursuivre, et accomplir avec regret une tâche moins agréable, — celle de montrer qu'au moment même où ils passaient en revue les travaux de leurs devanciers pour les coordonner, Dulong et Petit laissaient subsister, et, ce qui est plus fâcheux, confirmaient par leurs propres mesures une de ces erreurs capitales qu'ils avaient pour but de détruire : tant il est vrai que les fausses doctrines, une fois introduites dans les sciences, opposent ensuite à leurs progrès des obstacles plus insurmontables que l'ignorance elle-même ! Gay-Lussac venait d'exécuter, sur la dilatation des gaz, un travail que l'on avait admiré ; il avait étudié séparément l'air, l'azote, l'acide carbonique et quelques autres fluides ; il n'avait reconnu aucune différence entre la quantité dont ces corps se dilatent. Il avait cru pouvoir généraliser ces résultats et énoncer comme loi physique absolue que la dilatation de tous les gaz est mathématiquement égale. Ceci, s'ajoutant à d'autres phénomènes observés avant lui, lit penser que les propriétés des gaz avaient cette simplicité et cette généralité que l'on se plaît à admettre comme un des attributs de la nature, et l'erreur matérielle qu'il avait commise, recueillie à la fois par les chimistes, les mathématiciens et les physiciens, fit accepter pour les gaz une constitution idéale dont on tira des conséquences absolues. La réputation d'habileté, la légitime autorité de Gay-Lussac ne permirent aucune contestation sur la loi qu'il établissait ; Dulong et Petit eux-mêmes, malgré leur défiance habituelle, n'eurent pas un moment la pensée de douter, et, loin de vouloir infirmer des résultats qu'ils croyaient irréprochables, ils firent des expériences destinées à étendre la loi de Gay-Lussac ; ils y réussirent malheureusement, et devinrent ainsi les complices d'une erreur qui devait leur être durement reprochée.

Pour savoir jusqu'à quel point ils furent coupables, il n'est pas sans intérêt de préciser leur erreur : elle paraîtra si futile que l'on comprendra à peine comment une si petite cause a pu amener de telles conséquences. On ignorait à cette époque, ou si on le savait on ne s'en préoccupait guère, que le verre attire énergiquement l'humidité de l'atmosphère, et que les parois d'un vase formé de cette substance sont pour ainsi dire tapissées d'un enduit liquide, à la vérité très mince, mais qui n'est pas nul, et qu'on ne peut chasser qu'avec une extrême difficulté. Or Gay-Lussac d'abord, Dulong et Petit ensuite enfermaient un gaz dans un tube de verre, puis ils le chauffaient. Alors l'eau adhérente formait de la vapeur qui se mêlait au gaz et augmentait son volume ; on croyait ne mesurer que le gaz dilaté, c'était le gaz augmenté de la vapeur que l'on observait. Il n'est point étonnant que l'on ait trouvé une dilatation exagérée, et que les erreurs commises aient été telles que l'inégalité des dilatations de chaque gaz spécial soit restée inaperçue. Rudberg reconnut quelques années après la faute que l'on avait commise, il la corrigea, et nous apprit à dessécher un vase, ce qui fut un plus grand progrès qu'on ne peut le croire. M. Regnault vint ensuite, qui montra comment les gaz ont tous une dilatation qui leur est propre, quoique très près d'être la même. Alors disparurent à tout jamais les idées théoriques sur la constitution des gaz, et les conséquences qu'on avait pu en tirer. Néanmoins, tout en détruisant les principes sur lesquels Dulong et Petit s'étaient appuyés, M. Regnault justifia l'emploi du thermomètre à air et proscrivit plus énergiquement encore l'appareil à mercure.

Dulong et Petit ont maintenant accompli la tâche qu'ils s'étaient donnée, de préparer les éléments de leurs recherches ultérieures ; ils abordent alors, avec des idées mieux fixées et une réputation déjà faite, l'étude du refroidissement, qui était leur but principal. Nous n'insisterons cette fois ni sur l'exactitude des expériences ni sur la rigueur des lois mathématiques qui les résument : ce serait nous condamner à ne présenter que des détails arides et des résultats sans intérêt, malgré leur extrême importance ; mais toutes les sciences ont leurs procédés généraux d'investigation, et lors même que les faits spéciaux qu'elles étudient n'attirent pas l'attention, la méthode qui conduit à les découvrir excite un intérêt philosophique d'une portée plus haute que la curiosité des faits. C'est à ce point de vue que nous allons nous placer pour analyser dans son ensemble le mémoire de Dulong et Petit sur le refroidissement, le voulant proposer comme modèle aux jeunes savans qui suivent la carrière des sciences précises, et comme exemple de la méthode expérimentale à ceux qui, sans la cultiver, étudient dans ses principes généraux la philosophie naturelle.

Il fallait, nous l'avons déjà dit, échauffer un corps et observer sa température pendant qu'il se refroidit. Le choix de la substance n'était pas indifférent : dans un boulet de fer rougi, par exemple, le centre conserve pendant longtemps une température très haute, et la surface arrive bientôt à l'équilibre avec l'air ; la distribution de la chaleur devient très inégale à l'intérieur, et le refroidissement se complique de la facilité plus ou moins grande avec laquelle la chaleur se répand du centre au contour extérieur. Ce n'est pas par ce cas complexe qu'il fallait commencer. Avec un vase plein de liquide, les choses deviennent plus simples : il se fait pendant le refroidissement des mouvements intérieurs qui mêlent et confondent les couches inégalement échauffées, et donnent à la masse entière une température uniforme. Le cas réalisé par un liquide offre donc une complication moins grande, c'est celui que l'on étudia.

Une idée ingénieuse compléta l'appareil. On aurait pu mesurer ces températures du liquide par un thermomètre indépendant plongé dans l'intérieur ; on aima mieux donner au vase la forme d'un gros thermomètre. On le remplissait de mercure ou du liquide quelconque que l'on voulait examiner, on le graduait en le comparant avec un thermomètre à air, et la position de la colonne du mercure dans le tube indiquait à chaque moment la température du liquide contenu dans le réservoir. Pendant tout le temps du refroidissement, le sommet du mercure s'abaissait d'une manière continue ; il était en mouvement comme un projectile lancé ou comme un corps qui tombe, il passait successivement vis-à-vis les degrés de l'échelle thermométrique et les parcourait avec une rapidité plus ou moins grande. On imagina alors d'exprimer la progression du refroidissement par la marche descendante de l'appareil, et l'on disait que la vitesse du refroidissement est égale à 1,2 ou 3 degrés, quand la température baisse de 1,2 ou 3 degrés pendant une minute.

Le problème que l'on voulait résoudre était de chercher la valeur exacte de la vitesse du refroidissement pour tous les thermomètres possibles, dans toutes les circonstances où on peut les mettre. Avant de rien entreprendre, Dulong et Petit firent le dénombrement complet de toutes les causes qui peuvent amener quelque variation dans la vitesse du refroidissement ; elles sont nombreuses. On voit quelquefois des laves volcaniques conserver une chaleur sensible plusieurs années après leur émission, tandis que les coulées de fonte sont froides au bout de, quelques heures. On sait que des vases de métal poli, remplis d'eau bouillante, se refroidissent plus lentement que lorsqu'ils sont rugueux et noircis ; on peut, en descendant du grand au petit, admettre que des thermomètres différents offriront à l'observateur attentif des vitesses inégales de refroidissement. Changez leur grosseur, leur forme, la nature du liquide qu'ils contiennent, ou bien la matière de leur enveloppe, ou seulement son degré de poli, et vous aurez autant de modifications de la loi que l'on cherche. Toutes ces influences, il faudra les reconnaître, les étudier, les mesurer, il faudra exprimer l'effet spécial occasionné par chacune d'elles. En supposant que nous observions toujours le même thermomètre, cet instrument pourra se trouver à des températures ou très élevées, ou moyennes, ou basses ; il sera placé au milieu d'une enceinte ou chaude ou froide ; à chaque moment, suivant que ces circonstances seront modifiées, la rapidité de la marche descendante du thermomètre se transformera. Il ne faut pas oublier, en dernier lieu, que les corps perdent une partie de leur chaleur statique en échauffant les gaz qui les enveloppent, et le pouvoir refroidissant de ces fluides ne restera pas le même, si leur nature, leur pression, leur température, éprouvent quelques changements. En résumé, toutes les variations dans l'état du thermomètre, tous les changements possibles dans leurs températures ou dans celles de l'enceinte, toutes les modifications imaginables dans les conditions des gaz qui les enveloppent, auront, dans la marche du refroidissement, une influence spéciale qu'il faut exprimer. On reconnaîtra qu'il fallait un certain degré d'audace pour continuer une étude dont on avait si bien mesuré la difficulté. On va voir cependant toute cette complication se réduire peu à peu.

Si le thermomètre était placé au milieu d'une enceinte absolument vide, il perdrait peu à peu la chaleur qu'il contient par le rayonnement direct ; mais dans le cas général il est entouré d'un gaz dont les molécules, agitées d'un mouvement continuel, arrivent froides sur sa surface et s'en éloignent chaudes, enlevant et transportant au loin une portion de la chaleur du thermomètre. Le refroidissement résulte ainsi de deux actions distinctes dont les effets se superposent ; il était indispensable de les étudier séparément, et nous allons indiquer le procédé ingénieux qui rendit cette étude possible.

On commence par placer l'instrument dans un vase fermé au milieu duquel on fait le vide, et comme alors son refroidissement résulte d'une action unique, il devient plus simple et se règle pailles lois plus faciles à découvrir. On prépare ensuite plusieurs thermomètres différons ; les uns renferment du mercure, mais ils sont plus ou moins gros ; les autres contiennent de l'eau ou de l'alcool ; ceux-ci sont sphériques, ceux-là cylindriques, quelques-uns ont une surface de verre, quelques autres ont été noircis ou argentés ; on les échauffe et on compare leurs refroidissements. Comme on devait s'y attendre, on voit leur température baisser avec des rapidités très inégales, mais on découvre bientôt une relation très simple entre eux. L'un d'eux, par exemple, montre à 300 degrés une vitesse double d'un autre : à 200, à 100 degrés, et en général, à une autre température quelconque, il a encore une vitesse deux fois plus grande. Tous les corps de la nature se refroidissent donc plus ou moins lentement ; mais si l'on connaissait la loi de progression suivant laquelle varient les vitesses de l'un d'eux, il suffirait de les multiplier ou de les diviser par un même nombre pour avoir aux mêmes températures les vitesses de tous les autres. La loi du refroidissement dans le vide sera aussi la même pour tous les corps, et quand on l'aura découverte pour un thermomètre, on l'aura exprimée pour tous les autres ; il sera permis de la généraliser, de l'appliquer même au soleil, même à tous les astres qui nous éclairent, et qui uniront un jour par Être aussi dépourvus de chaleur que le globe terrestre.

Il est essentiel de bien remarquer comment on a déjà franchi un pas immense. On a reconnu que les refroidissements résultent de deux causes distinctes, de l'action de l'air et du rayonnement direct ; on a supprimé la première en opérant dans le vide, puis on s'est assuré que tous les corps suivent une loi commune dans le refroidissement. On ne connaît pas encore cette loi, mais on a réduit à une simplicité comparativement nés grande une étude qui se présentait avec une effrayante complication : il ne s'agit plus que d'étudier dans le vide un thermomètre que l'on choisit à volonté.

Ce thermomètre envoie de la chaleur vers les parois de l'enceinte, mais cette enceinte elle-même n'est pas dépourvue de chaleur ; si elle en reçoit, elle en rend, et pendant que le thermomètre se refroidit par la chaleur qu'il perd, il se réchauffe par celle qu'il gagne. Entre le thermomètre et l'enceinte, il se fait un échange continuel, et l'abaissement de température que l'on observe tient uniquement à l'inégalité des quantités de chaleurs envoyées et reçues. Pour en connaître la loi, il faut donc avoir exprimé ce que le thermomètre envoie à l'enceinte et ce que l'enceinte rend au thermomètre ; ce raisonnement dirige les expériences. On commence par élever progressivement la température de l'enceinte, on étudie les variations des vitesses du refroidissement, on les compare, et on reconnaît suivant quelle loi varie la quantité de chaleur renvoyée au thermomètre ; puis, en second lieu, on fait varier la température de cet instrument, et en comparant les refroidissements observés dans les divers cas, on trouve l'expression de la chaleur envoyée vers l'enceinte. Ces quantités de chaleurs envoyées et reçues se peuvent calculer par des formules mathématiques, qu'il serait sans intérêt de chercher à faire comprendre. Ce que nous avons voulu montrer, c'est l'art remarquable avec lequel on a réduit à ses éléments simples un phénomène soumis à des causes tellement nombreuses de perturbations, qu'il semblait défier l'habileté des expérimentateurs. Ce que nous avons désiré faire comprendre, c'est cette méthode qui s'attaque successivement à toutes les influences qui compliquent les questions naturelles et qui les isole successivement pour les étudier l'une après l'autre. On concevra aisément comment, par le développement des mêmes procédés de réduction, on a pu ensuite opérer dans les gaz et reconnaître les lois de leur action.

Jusqu'à présent, nous avons rencontré dans les travaux de Dulong et Petit des expériences précises, mais des résultats dont la complication est extrême ; ils ont mis de l'ordre dans une science encombrée de matériaux incomplets et donné à la méthode d'investigation une puissance qu'on ne lui soupçonnait pas, mais ils n'ont découvert aucune de ces lois capitales qui font la fortune des savants et sont la richesse des sciences. Ils étaient des chefs d'école ; ils n'étaient pas des inventeurs. Ce bonheur cependant ne leur a pas manqué ; nous allons les voir extraire des actions complexes occasionnées par la chaleur une des plus remarquables propriétés de la matière, et, pour la faire apprécier, nous entrerons dans quelques explications nécessaires.

Les substances matérielles absorbent, avons-nous dit, quand elles s'échauffent, des quantités définies de chaleur. Supposons que l'on prenne un kilogramme des divers corps de la nature, qu'on les maintienne d'abord à la température de zéro, et qu'on leur donne à tous la proportion de chaleur nécessaire pour les élever jusqu'à un degré : on trouvera que l'un d'eux en exigera plus ou moins qu'un autre. Une comparaison grossière fera mieux comprendre ce fait important. Prenons plusieurs vases, mesurons la quantité d'eau nécessaire pour les remplir ; elle sera différente pour chacun d'eux, et nous dirons que leurs capacités sont inégales. En assimilant pour ainsi dire les corps à des vases, la chaleur à un liquide, on appelle *capacité calorifique* leur aptitude à recevoir, pour s'échauffer, des quantités inégales de chaleur ; mais il faut avant tout constater et mesurer ces capacités diverses. On y parvient par une expérience dont la simplicité frappera tout le monde. On jette dans un vase plein de glace un kilogramme de fer, ou de cuivre, ou d'eau, primitivement porté à la température de 100 degrés ; il se refroidit jusqu'à zéro, abandonne la chaleur qu'il avait accumulée en s'échauffant, et fond une portion de glace que l'on pèse et que l'on trouve différente avec chacune des substances employées. Plus ces substances ont fondu de glace, plus elles contenaient de chaleur ; leur capacité calorifique est donc mesurée aisément par un phénomène aussi simple que facile à observer.

Avant Dulong et Petit, les capacités calorifiques avaient été comparées par des méthodes nombreuses, mais qui n'avaient point alors le degré d'exactitude qu'elles pouvaient acquérir. Ils acceptent l'une d'elles, la perfectionnent, et parviennent à déterminer avec précision les capacités d'un nombre considérable de corps ; ils connaissent ainsi ce qu'il faut dépenser de chaleur pour échauffer un, ou deux, ou trois kilogrammes d'une espèce quelconque de matière ; mais ils veulent aller plus loin : ils se proposent de trouver la capacité calorifique des atomes des corps, ou de comparer les quantités de chaleur absorbées par les molécules des diverses espèces de substances, quand elles s'échauffent également. Ce problème, en apparence insoluble, est en réalité bien facile, quand on sait ce que nous entendons par atomes et quel est le poids relatif de chacun d'eux.

Sans se préoccuper des discussions stériles qui avaient séparé les philosophes sur la manière dont on devait comprendre la divisibilité de la matière, sans penser même que cette question fût dans son domaine, la chimie avait été, par le progrès naturel de ses découvertes, insensiblement conduite à la résoudre, et de la manière la plus heureuse : elle avait attentivement suivi les circonstances qui accompagnent les combinaisons des corps et raisonné, comme nous allons le faire, en prenant pour exemple un cas particulier. L'oxygène et l'hydrogène peuvent être mêlés l'un à l'autre dans un vase, et se maintenir, aussi longtemps qu'on le désire, dans un état de voisinage intime sans perdre aucune des propriétés qui les distinguent quand ils sont séparés, sans donner lieu à aucune réaction, a aucun phénomène observable ; mais cette situation de repos cesse brusquement d'exister sous certaines influences particulières, et notamment aussitôt qu'on introduit dans le mélange une bougie en combustion. L'inaction se transforme en un mouvement énergique, on assiste à une convulsion momentanée qui se révèle par une flamme vive, par un énorme développement de chaleur, par une détonation qui brise le plus souvent les vases employés. Ce bouleversement général est essentiellement passager, à peine a-t-il commencé qu'il se termine, et à cette commotion subite succède une nouvelle période de repos qui, à son tour, se prolonge indéfiniment.

En voyant ces actions énergiques, il nous est facile de prévoir que des modifications importantes ont dû se produire dans l'état des deux gaz qui avaient été mêlés, et si, pour nous en assurer, nous ouvrons le vase, nous n'y trouvons ni oxygène ni hydrogène, ils ont disparu, et à leur place nous trouvons de l'eau, qui précédemment n'y existait pas. Nous pensons naturellement que les deux gaz se sont intimement réunis pour ne former plus qu'une même substance qui les résume, et nous en sommes pour ainsi dire certains en remarquant que le poids de l'eau formée est égal à celui des gaz employés, et surtout en observant que l'eau, sous l'action de la pile de Volta, se résout elle-même en oxygène et en hydrogène. Cette convulsion est une combustion, cette association intime des deux éléments se nomme une *combinaison*.

Il est essentiel de noter, pour en tirer bientôt des conclusions, toutes les circonstances du phénomène que nous venons de décrire : l'oxygène et l'hydrogène étaient tous les deux à l'état de gaz, le produit qui les résume est liquide ; l'hydrogène brûlait, l'eau ne se consume point ; l'oxygène enflammait les combustibles, l'eau les éteint, et pour tout dire en un mot, aucune des propriétés physiques ou chimiques reconnues dans les deux gaz avant leur transformation ne se retrouve dans le liquide dont ils sont les éléments : l'eau a son existence à part, ses propriétés distinctes, ses réactions spéciales, et rien n'y rappelle son origine. Ce que nous venons de dire pour un exemple particulier se répète dans tous les cas possibles.

Mais on a fait une remarque plus précieuse que les précédentes. Quand le vase contient 100 grammes d'oxygène et 12 d'hydrogène, les deux gaz se combinent en totalité : il n'en est plus de même si nous enfermons plus de 100 parties d'oxygène ou plus de 12 d'hydrogène : l'excès de l'un ou de l'autre des deux corps demeure sans emploi, persiste après la combustion et se retrouve dans les vases avec ses propriétés primitives. Il convient donc non-seulement d'exprimer que les deux gaz se combinent, mais il faut ajouter qu'ils se combinent dans des proportions constantes, parfaitement définies et absolument invariables. Il ne suffit pas de dire que l'eau est un composé d'oxygène et d'hydrogène, il est nécessaire d'exprimer qu'elle est formée par la réunion de 100 parties pondérales du premier contre 12 parties de l'autre. Cette loi, l'une des plus générales que l'on connaisse, l'une des plus précieuses, car elle est la base incontestée de la chimie moderne, s'exprimera en disant que les corps se combinent dans des rapports invariables pour former des composés dont les propriétés sont définies. L'analyse chimique mesure ces rapports dans tous les cas particuliers qui s'offrent aux expérimentateurs.

Quand nous voulons expliquer par quel mécanisme les

combinaisons chimiques prennent naissance, notre pensée se porte nécessairement sur les deux hypothèses qui ont voulu expliquer la constitution de la matière : ou bien elle est divisible à l'infini, ou bien elle se compose de petites masses élémentaires qui ne peuvent être partagées, qui se placent à des distances déterminées les unes des autres, et forment par leur réunion des agglomérations, des masses étendues, pesantes et visibles, et qui sont les corps matériels. Entre ces deux hypothèses, il était impossible de choisir tant que les réactions chimiques étaient inconnues, mais il n'en est plus ainsi depuis que les lois des combinaisons ont été observées ; nous accepterons celle des deux qui expliquera ces lois, nous refuserons celle qui ne pourra pas les prévoir.

Il n'est pas nécessaire de réfléchir pendant longtemps pour voir que si la matière de l'hydrogène et celle de l'oxygène formaient un ensemble continu dans lequel on ne trouvât aucun centre moléculaire, il ne pourrait se former entre elles que des mélanges intimes, et non des combinaisons ; elles se pénétreraient mutuellement sans perdre leurs caractères propres ; on ne comprendrait ni les commotions qui signalent la combustion, ni les transformations des propriétés des éléments, ni surtout la constance des proportions qui règle leur réunion. Toutes ces actions se présentent au contraire comme des nécessités quand on admet l'hypothèse des atonies. L'oxygène et l'hydrogène pourront d'abord se mêler mécaniquement entre eux, les atomes de l'un s'introduiront entre les atomes de l'autre, sans perdre leurs caractères spéciaux, leurs réactions particulières, et le corps qui résultera de cette pénétration mutuelle aura à la fois les propriétés des deux gaz qui le constitueront. On trouverait un exemple grossier de cette espèce d'action en versant dans un vase deux espèces de sable, la première teinte en jaune, la deuxième en rouge ; les grains diversement colorés se mêleraient sans se confondre, et, par un triage patient, il ne serait pas impossible de séparer les uns des autres. On comprend donc qu'entre deux gaz divers des mélanges peuvent se former et se perpétuer sans altération ; mais on conçoit également qu'ils peuvent se transformer en combinaisons. On conçoit que les molécules des deux gaz, jusque-là disséminées et indépendantes, puissent, sous des influences encore inexpliquées, mais reconnues, s'attirer, se rapprocher, se réunir deux à deux, et enfin se souder l'une à l'autre pour ne plus former qu'un centre matériel dont l'existence persistera. Il n'y aura plus alors d'atonies d'oxygène ou d'hydrogène, il y aura « les groupes de molécules assemblées deux à deux ; les deux gaz élémentaires auront cessé d'exister, et un nouveau corps les remplacera, qui sera aussi formé d'atomes, mais d'atomes qui ne seront plus simples ; tant qu'ils persisteront, le composé durera ; quand ils se réduiront dans leurs éléments, le composé reproduira les corps qui l'avaient constitué.

Et l'on doit remarquer qu'aucune des circonstances qui accompagnent la combinaison ne reste sans explication. Nous ne savons, il est vrai, absolument rien des forces qui s'exercent entre les atomes des corps ; mais, sans rien préjuger sur leur nature ou leurs lois, il est évident qu'au moment même où la combustion s'opère et où les molécules antagonistes se réunissent, un mouvement intestin s'établit, et de là naît cette convulsion transitoire qui se révèle par une détonation, par une production de chaleur et de lumière. Quand cette transformation a été accomplie, le composé nouveau est constitué, ses molécules sont plus pesantes que les atomes composants, les forces qui président à leur distribution sont changées, et les propriétés des éléments ne se retrouvent plus dans le produit de leur réunion. Ainsi la combinaison s'explique, les phénomènes de la combustion se conçoivent, et les transformations de propriétés se prévoient. Il y a plus, la constance des proportions des éléments est une conséquence forcée de la théorie atomique. Si l'oxygène et l'hydrogène se combinent, c'est que toutes les molécules du premier de ces corps se réunissent chacune à un atome du second ; il y a donc le même nombre d'atomes dans les proportions des deux gaz qui se réunissent, il y a entre elles un rapport mathématique absolument invariable. Tout ce que nous connaissons vient de s'expliquer, tout ce qu'il nous reste à apprendre pourrait aisément se deviner. Je pourrais montrer comment un atome d'un corps simple, s'agglutinant avec un, deux trois ou quatre molécules d'un autre, peut produire autant de composés définis et distincts, ce que l'expérience justifie ; je pourrais montrer aussi ces atomes se réunissant en couches régulières, se superposant comme les assises des monuments pour former des édifices symétriques que l'on nomme des cristaux ; j'aurais à parler du rôle des atomes dans la physique générale, dans l'électricité, dans l'optique : j'aime mieux réserver ces développements, et tirer de cette digression déjà longue les conséquences en vue desquelles je l'ai commencée. Dire que 100 grammes d'oxygène et 12 grammes d'hydrogène se réunissent pour constituer l'eau, c'est exprimer que dans ces deux poids des deux gaz se trouve un nombre égal d'atomes, ou, ce qui est la même chose, si les atomes de l'oxygène pèsent 100, le même nombre de molécules d'hydrogène pèse 12, ou enfin, comme dernière expression, un atome d'oxygène pèse 100, et un atome d'hydrogène pèse 12. La chimie arrive ainsi à ce résultat merveilleux non-seulement de démontrer l'existence des atomes, mais encore de comparer leurs poids. Elle a fait par l'ensemble de ses analyses sur tous les corps simples ce que nous venons d'expliquer spécialement pour les deux gaz qui nous servaient d'exemple : elle a dressé le tableau des poids atomiques de toutes les substances de la nature. N'oublions pas maintenant que Dulong et Petit ont traité cette autre question bien différente : — comparer les chaleurs qu'il faut donner à diverses substances pour les échauffer d'un même nombre de degrés. Cette comparaison leur permet de calculer combien absorbent 400 grammes d'oxygène, 12 grammes d'hydrogène et un nombre de grammes de tous les autres corps simples égal à leurs poids atomiques. Ils arrivent ainsi à cette loi : tous les atomes des corps simples prennent autant de chaleur pour s'échauffer également.

Toutes les découvertes qui établissent une relation numérique bien constatée entre deux ordres de phénomènes jusqu'alors considérés comme indépendants les uns des autres sont les plus précieuses conquêtes que puissent faire les sciences. Outre la satisfaction immédiate de curiosité qu'elles procurent, elles deviennent les éléments de théories physiques qu'elles préparent et les bases de rapprochements ou de généralisations dont elles font prévoir la possibilité. Dans l'ignorance où nous sommes sur la nature de ce mouvement intestin qui produit la chaleur, nous n'avons pour nous éclairer que les phénomènes par lesquels il se révèle, et nous ne pouvons qu'attendre le moment où l'expérience les aura tous étudiés et mesurés ; or nous venons d'apprendre que les atomes matériels interviennent d'une manière simple dans les actions calorifiques, et la relation que nous avons exprimée sera un jour une des données que l'on invoquera pour faire la théorie rationnelle de la chaleur : c'est à ce point de vue surtout qu'il faut la juger, plutôt comme une espérance que comme un fait accompli. En lisant le mémoire qui, sous un titre modeste, contient cette découverte importante, on devine a la fois le plaisir qu'elle causait aux inventeurs, la valeur qu'ils lui reconnaissaient et le désir qu'ils avaient de la faire apprécier. Également soucieux des faits et de l'expression, ils donnent à leur style une ampleur inusitée et une richesse qui n'exclut pas la précision des termes scientifiques. On sent que la pensée s'élève avec le sujet, et que des considérations plus générales prennent la place des préoccupations de détail. Ils discutent longuement les explications données avant eux sur le développement de la chaleur, montrent la nouvelle face sous laquelle se présente la question, et annoncent les divers travaux qu'ils vont exécuter pour compléter ce qu'ils ont si bien commencé. Ce programme malheureusement ne put être rempli. Ils lisaient leur mémoire à l'Académie des Sciences le 12 avril 1819, et une année après, le 29 juin 1820, Petit, à l'âge de vingt-neuf ans, fut emporté par une maladie de poitrine qui le consumait depuis longtemps. Arrêtons-nous ici un moment pour placer un mot sur la vie du savant à côté de l'appréciation de ses travaux.

Petit, né à Vesoul, s'était fait remarquer dès sa plus tendre jeunesse par l'aptitude extraordinaire qu'il montrait à comprendre les plus délicates questions des mathématiques. À l'âge de dix ans, il avait, à l'école centrale de Besançon, complété les études exigées pour l'admission à l'École polytechnique. Cette extrême précocité et l'abus qu'on en lit dans son éducation l'obligeant à attendre, il vint compléter et fortifier à Paris, dans une école préparatoire, les études qu'il avait déjà faites, et il s'y montra tellement supérieur aux camarades qu'il y trouva, qu'on lui confia les fonctions de répétiteur. Il put, grâce à ces circonstances, acquérir avant l'âge une sorte de maturité d'esprit. La nature l'avait doué d'une élocution facile, et l'usage qu'il en fit dans ce premier essai du professorat lui donna, quand il subit ses examens, une supériorité décidée sur ses compétiteurs. Il la conserva pendant les deux années qu'il passa à l'École polytechnique et sans s'y donner plus de peine qu'il n'en fallait, il en sortit comme élève hors ligne et y resta comme répétiteur. À vingt-trois ans, il y devint professeur et garda ces fonctions, qu'il remplit avec, une grande distinction, jusqu'à sa mort. Avec la supériorité de son esprit, Petit n'eut jamais aucun rival, et par l'amabilité de son caractère, il évita de se faire des ennemis ; aussi ne connut-il jamais l'envie, ni pour l'avoir sentie, ni pour l'avoir inspirée. Son existence ne fut d'abord troublée par aucune déception, elle fut au contraire embellie par les charmes d'une union douce et désirée, qui le rendit beau-frère d'Arago, auquel il était déjà lié par l'amitié. Ainsi introduit dans une famille qui occupait par ses divers membres une haute situation scientifique, voyant déjà le moment où les promesses du passé allaient se réaliser dans l'avenir, Petit ne pouvait concevoir que des espérances séduisantes ; elles furent tristement déçues, sa femme mourut en lui laissant le germe de la maladie qui devait l'emporter à son tour. Ce coup l'ébranla profondément, et lui laissa comme une lassitude de corps et d'esprit contre laquelle il n'essaya pas de lutter. L'exemple de Dulong, dont l'activité ne se démentait jamais, ses continuelles excitations, et quelquefois ses reproches, parvenaient rarement à le réveiller ; il paraissait avoir épuisé dans des efforts prématurés ce que la nature lui avait donné de force dans l'esprit. Il s'éteignit connue épuisé sans avoir accompli toutes les espérances qu'il avait fait naître et emportant des regrets universels, dont les plus touchants furent ceux de ses élèves : ils lui élevèrent, au cimetière de l'Est, un petit monument où on lisait : *A Petit les élèves de l'École polytechnique* !

Section II

La mort de Petit fut pour Dulong un événement cruel ; elle lui enlevait un ami qui avait partagé ses espérances et qu'il était habitué à considérer comme faisant partie de lui-même ; elle réduisait ses forces et lui laissait à soutenir seul le poids d'une grande réputation commune. C'était un héritage lourd ; il le reçut sans en être accablé, et poursuivit, dans le même esprit les vues que renfermait le travail sur les chaleurs atomiques. Il savait que les molécules des corps matériels interviennent dans les propriétés de la chaleur. Il espérait que leur influence se retrouverait dans toutes les actions physiques, et il se proposa de la mettre en évidence par une suite de travaux malheureusement trop complexes pour que nous puissions en faire une analyse détaillée.

Quand les corps se combinent, avons-nous dit, et au moment même où la réunion de leurs atomes s'accomplit, une énorme quantité de calorique se dégage subitement, C'est ce qui arrive quand nous brûlons du charbon ou de l'hydrogène, c'est-à-dire quand ces substances se combinent avec l'oxygène de l'air. Il paraissait extrêmement probable ; que la chaleur dégagée devait avoir un rapport avec les quantités des atomes qui se réunissent. Dulong attaqua cette question en même temps que M. Despretz l'étudiait de son côté. Les résultats qu'il obtint furent loin d'être simples ; les atomes des corps, qui exigent pour s'échauffer également des quantités égales de chaleur, en produisent des proportions très différentes au moment de leur combinaison. Dulong ne put extraire aucune loi philosophique de son travail : il n'arriva qu'à la mesure de nombres dont l'intérêt est exclusivement pratique. C'est à la combinaison en effet que les diverses industries demandent le calorique qu'elles emploient, et il leur importe de savoir la quantité qu'elles en dépensent.

Dulong n'abandonna pas cependant l'idée qui dirigeait ses travaux ; il rechercha la vitesse de la lumière quand elle traverse des gaz simples ou composés. Cette vitesse était-elle ou non liée avec la composition atomique de ces gaz ? On avait pu le penser d'après les idées que Newton avait admises sur la nature de l'agent lumineux ; mais l'expérience démontra que rien de semblable ne se produit. La vitesse de la lumière ne parait avoir aucun rapport avec la composition des gaz.

En dernier lieu, nous voyons Dulong chercher la vitesse du son dans ces mêmes gaz. Il exécuta sur ce sujet un travail où il donna plus que jamais la preuve de son habileté expérimentale, et qui à lui seul aurait suffi pour l'illustrer ; mais s'il énonça quelques résultats généraux, il ne put reconnaître aucune liaison entre la vitesse du son et la composition moléculaire. Ainsi Dulong poursuivit en vain l'idée que le travail sur la chaleur atomique lui avait inspirée. Il parvint à des mesures précieuses sur les vitesses de la lumière et du son dans les gaz, à des déterminations exactes de la chaleur dégagée par la combustion, et il apprit aux physiciens que ce n'était pas dans cette direction qu'il fallait chercher des lois simples ; il enrichit la science de résultats numériques nombreux, il continua de donner des modèles à suivre dans l'art de l'expérimentation ; mais il n'eut pas le bonheur de découvrir de nouvelles lois générales et simples, quoiqu'il eût fait tout ce qui était en lui pour les chercher. Ce qui nous reste à dire des travaux de Dulong va nous éloigner un peu du plan d'études qui a donné tant d'unité aux recherches précédentes ; mais les deux mémoires qu'il nous reste à analyser ont trop d'importance et trop d'intérêt pour que nous puissions les passer sous silence.

C'est un fait reconnu par les observations générales que les animaux se maintiennent à une température toujours plus élevée que celle des milieux dans lesquels ils vivent. Certains oiseaux atteignent dans nos climats plus de 43 degrés, l'homme en marque 37 ; les poissons eux-mêmes sont notablement plus chauds que l'eau qui les entoure, et comme toutes les substances tendent à se mettre en équilibre calorifique avec les objets qui les avoisinent, on verrait les corps organisés partager la température des milieux qui les contiennent, si une cause digne d'être étudiée ne reproduisait à chaque moment la chaleur qu'ils perdent par le rayonnement. On doit donc considérer les corps organisés comme des foyers en combustion perpétuelle, et rechercher dans les actions physiologiques qui s'accomplissent au milieu de leurs organes la source incessante de cette chaleur. Lavoisier devina la cause de ce phénomène et la formula ainsi. — Les animaux des ordres supérieurs qui vivent dans l'air possèdent, enfermé dans la cavité thoracique, un organe que l'on nomme, le poumon ; il s'ouvre dans l'arrière-bouche par un conduit en communication avec l'air extérieur. Ce conduit pénètre dans la poitrine, s'y bifurque et donne naissance à deux tubes, les bronches, lesquelles se divisent en rameaux de plus en plus nombreux et de plus en plus déliés comme les branches d'un arbre, et se terminent enfin à de petites cavités fermées en forme de sacs. Le jeu des muscles dilate et comprime alternativement la capacité de ces tubes, et l'air extérieur, amené et expulsé alternativement, se met en contact avec les parois de ces cavités aériennes et se renouvelle constamment. D'un autre côté, un tronc artériel, sortant de la cavité droite du cœur, se dirige en sens inverse, se divise comme la trachée-artère en canaux ramifiés, dont les derniers, extrêmement fins, entourent les conduits aériens, puis se réunissent peu à peu et retournent par un conduit unique à la partie gauche du cœur ; le sang les parcourt et se trouve ainsi, à travers le double tissu des artères et des voies aériennes, en contact avec l'air amené de l'extérieur. Pendant que ces mouvements s'accomplissent, une action chimique se développe : l'air possède en entrant une forte proportion d'oxygène et une quantité insignifiante d'acide carbonique ; à sa sortie il a perdu beaucoup du premier gaz ; il a gagné du second : il a subi une altération semblable à celle que l'on observe au moment où il entretient la combustion du charbon. Ce charbon existe dans le sang ; il est brûlé par l'oxygène de l'air, et l'action chimique exercée au milieu du poumon est identique à celle qui se remarque dans les foyers. Or, si cette dernière développe de la chaleur, la première en produit nécessairement et en égale quantité. D'après Lavoisier, la machine animale est alors gouvernée par trois fonctions principales, la respiration, qui consomme de l'oxygène en le combinant avec les principes du sang et qui produit la chaleur ; la digestion, qui comble les vides creusés par la respiration, et l'exhalation, qui rétablit l'équilibre entre les deux premières actions.

Quand un homme de génie, et personne n'a mieux mérité ce titre que Lavoisier, établit une théorie générale, il est rare qu'il la complète ; il laisse à ses successeurs la tâche de la justifier dans ses détails et de la vérifier numériquement. Celle de Lavoisier, accueillie avec admiration, fut étudiée avec les soins qu'elle méritait ; la physiologie vint la modifier à son point de vue ; la physique et la chimie se chargèrent de mesurer à la fois les altérations chimiques de la respiration et la chaleur dégagée pendant qu'elle s'exerce. Il fallait démontrer que tout le développement calorifique occasionné par un animal quelconque est égal à celui que produirait la combustion des éléments qu'il consume. Dulong et M. Despretz se rencontrèrent encore sur ce terrain commun : les expériences de l'un se sont trouvées en tout point conformes à celles de l'autre.

Dulong fit construire une petite caisse métallique que l'on pouvait ouvrir et fermer par un couvercle hermétique ; on la garnissait d'un plancher d'osier, on y déposait l'animal que l'on voulait soumettre à l'observation, on l'y enfermait, et on plongeait la boite dans une cuve plus grande remplie d'eau. Dans cette espèce de cloche à plongeur, le patient respirait à l'aise, dégageait de la chaleur, échauffait l'eau dont il était entouré ; il était comme le foyer au milieu d'une chaudière, et la quantité de calorique qu'il produisait, absorbée intégralement par l'eau, se mesurait aisément par l'élévation de température qu'elle déterminait. Toutefois la gêne de l'animal se fût peu à peu augmentée et sa mort eût été certaine, si on n'eût pris le soin de renouveler à chaque moment l'atmosphère de la caisse. La respiration produit de l'acide carbonique ; ce gaz est vénéneux, et l'animal se fût empoisonné par ses propres exhalaisons. Aussi un gazomètre rempli d'une quantité mesurée d'air pur injectait continuellement ce gaz dans la boite, qui se vidait d'autre part dans un deuxième vase où elle versait peu à peu l'air vicié à mesure qu'il était remplacé. Rien n'était plus facile que d'analyser ensuite le gaz sorti et de reconnaître chimiquement les principes qu'il avait perdus et ceux qu'il avait gagnés. On avait, par cette ingénieuse disposition, le moyen de mesurer à la fois les deux actions que l'on voulait comparer. Quand l'expérience avait duré pendant plusieurs heures, on rendait la liberté à l'animal. On trouvait naturellement qu'une notable quantité d'oxygène avait disparu. Lue portion s'était combinée avec du charbon, elle avait dégagé de la chaleur, on la calcula ; une autre portion avait servi à brûler de l'hydrogène et s'était transformée en eau : c'était une deuxième cause de développement calorifique dont on chercha la valeur, et l'animal avait du produire une somme de chaleur égale à celle qui résultait de ces deux combustions. D'un autre côté, l'observation de la température de l'eau échauffée faisait connaître la quantité de calorique qu'il avait effectivement produit, et il ne restait qu'à comparer le résultat du calcul à celui de l'observation pour justifier ou contredire la théorie de Lavoisier. Il se trouva que pour tous les animaux soumis à l'expérience la chaleur réellement produite était supérieure à celle que les combustions avaient développée, et que si on avait brûlé dans un foyer autant de charbon et d'hydrogène que l'animal en avait consumé dans ses poumons, on aurait obtenu moins de chaleur qu'il n'en avait fait naître. On devrait par conséquent chercher dans les divers actes de la vie, outre celui de la respiration, d'autres causes de réchauffement. Sans doute elles existent, bien qu'elles échappent à nus mesures ; elles résultent de toutes les transformations chimiques qui s'exécutent à la fois dans tous les organes. Et bien que Lavoisier ait eu la gloire de signaler la plus importante des actions réchauffantes, il a conclu d'une manière trop absolue en pensant qu'elle était la seule. On sait aujourd'hui qu'il faut faire entrer en ligne de compte les mouvements exécutés par les animaux ; c'est une cause de développement calorifique qu'il faut ajouter à la respiration.

En 1824, la machine à vapeur, qui venait d'être inventée, commençait à se répandre dans toutes les industries ; cette nouvelle puissance inspirait presque autant de crainte que d'admiration, et l'on se préoccupait également des dangers qu'elle faisait naître et des merveilleux effets qu'on lui devait. Comme l'art de la gouverner était à peu près inconnu, des explosions fréquentes et toujours très graves affligeaient les usines où le nouveau moteur était établi. Le gouvernement, justement alarmé, fil appel aux lumières de l'Académie des Sciences ; elle accepta la mission, et nomma, suivant l'usage, une commission qu'elle chargea d'une étude devenue nécessaire. Dulong en fut l'âme et le chef avoué, Arago en fit partie avec d'autres savants ; mais pendant le temps très long que dura son travail, la commission, souvent démembrée et reconstituée, finit par être réduite aux deux noms que nous venons d'écrire. On peut dire sans flatterie pour l'un, sans injure pour l'autre, que Dulong se donna plus de peine que son confrère. Tous deux prirent cependant une égale part aux dangers que leur mission entraînait. À cette époque, on ne possédait que des données très incertaines sur les lois de variations de la puissance expansive de la vapeur aux diverses températures ; il fallait donc exécuter des expériences sur une grande échelle, et comme elles devaient entraîner des dépenses considérables, le gouvernement fit les fonds ; c'était la première fois qu'une recherche scientifique allait devenir une entreprise nationale.

Il fallait d'abord imaginer un appareil qui pût à chaque minute mesurer la force élastique de la vapeur au moment où elle prend naissance dans la chaudière, c'est en effet par cette étude préliminaire qu'il convenait de commencer les recherches, et, pour la traiter, on se rappela une donnée expérimentale introduite autrefois dans la science par Boyle et par Mariotte au sujet de la compressibilité des gaz. Ces deux savants avaient chacun de son côté remarqué que le volume d'une certaine quantité de gaz diminue progressivement quand on le comprime davantage, qu'un litre d'air atmosphérique, par exemple, se réduit à un demi-litre lorsqu'on le presse deux fois plus, et à un quart si la pression devient quadruple, — en général que le volume diminue exactement dans la même proportion que la compression augmente. On comprend tout de suite le parti que l'on pouvait tarer de cette propriété : il suffisait de comprimer de l'air au moyen de la vapeur et de mesurer la diminution de son volume pour connaître la force élastique, ou la force expansive, ou la puissance comprimante de la vapeur ; mais avant d'accepter ce procédé de mesure, il était essentiel d'en connaître l'exactitude, de savoir si la loi de Mariotte est vraie ou seulement approximative, car elle avait été établie sur la foi d'expériences peu étendues, et dont la précision était douteuse. On résolut, alors de la vérifier avec une attention spéciale ; c'est par là que l'on commença.

On s'établit dans la vieille tour de Clovis, aujourd'hui encore enclavée dans les bâtiments du lycée Napoléon, on fixa sur le sol un vase de fonte fermé très résistant, dans lequel plongeaient deux tubes de verre verticaux solidement masqués. L'un d'eux était court, fermé à sa partie supérieure ; il était rempli d'air ; on l'avait gradué soigneusement et desséché avec des précautions minutieuses ; l'autre s'élevait de la base au sommet de la tour. L'installation de ce tube présentait quelques difficultés : comme on ne pouvait se procurer un tube continu de 25 mètres rie long, on employa treize morceaux séparés de 2 mètres chacun, que l'on réunit l'un à l'autre par des viroles métalliques ; ils étaient appuyés contre un mat vertical solidement relié aux charpentes de l'édifice, et chaque tube était isolément suspendu par des contre-poids qui l'équilibraient De cette manière, les tubes supérieurs n'appuyaient pas sur les inférieurs, et par les changements de température, la colonne tout entière pouvait s'élever ou s'abaisser, s'allonger ou se raccourcir, sans que l'on eût à redouter aucune rupture.

Le vase de métal au sein duquel plongeaient les deux colonnes creuses de verre était plein de mercure, il communiquait par une tubulure percée à son sommet avec une pompe de compression, qui servait à injecter de l'eau dans l'intérieur ; au moment où l'eau y pénétrait ; elle forçait le mercure à monter à la fois dans le tube fermé, où il comprimait l'air, et dans le tube ouvert, où il s'élevait librement. À chaque moment de l'expérience, l'air confiné éprouvait à la fois la pression initiale que l'atmosphère exerce sur lui et celle de toute la colonne mercurielle soulevée dans la branche ouverte ; l'on pouvait donc en même temps mesurer et le volume de l'air et la pression qu'il éprouve, et rien n'était plus facile que de voir si l'une augmente dans la même proportion que l'autre diminue, c'est-à-dire si la loi de Mariotte est parfaitement exacte, ou bien seulement approximative. La comparaison put être poussée jusqu'à trente atmosphères, et le résultat des mesures a montré que la diminution observée dans le volume, quoique toujours un peu plus considérable qu'il ne conviendrait, est à fort peu de chose près celle que la loi de Mariotte indique ; mais, comme les différences sont fort petites, et que l'on devait nécessairement faire une part aux erreurs inévitablement commises dans les mesures, on admit que la loi se vérifierait mathématiquement, si ces erreurs pouvaient être évitées.

Quand on a pu, à la faveur de circonstances exceptionnelles, construire et employer une machine aussi coûteuse, il est juste que la science y trouve son compte, et que, tout en se préoccupant du problème pratique, on veuille l'étendre dans un intérêt purement scientifique. La commission comprit sa tâche à ce double point de vue, et résolut de répéter sur les divers gaz connus les mêmes séries d'épreuves que sur l'air, afin de reconnaître s'ils étaient soumis sans exception à la même loi de compressibilité. Une circonstance à peine croyable s'y opposa ; l'administration des bâtiments civils intima aux savants l'ordre formel de quitter, dans le plus bref délai, le monument qui leur avait été prêté. J'ignore les motifs d'une mesure qui fit peu d'honneur à ceux qui la prirent ; mais qu'elle ait été provoquée par l'ignorance encore trop commune des intérêts scientifiques ou par ce besoin de taquinerie mesquine qui se rencontre dans les esprits étroits, j'aurais aimé à la laisser ignorer, si d'une part Dulong n'en avait tiré vengeance en la signalant au public, et si d'une autre elle n'avait eu pour sa gloire et pour l'avancement des sciences une conséquence malheureuse. Si la commission avait pu librement donner suite à ses projets, elle aurait reconnu indubitablement que tous les gaz ont leur mode spécial de compressibilité, que l'hydrogène se contracte moins et l'acide carbonique plus que l'air, et que l'énoncé de Mariotte n'est qu'une loi d'approximation dont les gaz divers se rapprochent ou s'éloignent plus ou moins sous l'influence de causes perturbatrices individuelles. On aurait restitué à chaque corps ses propriétés propres, au lieu de les confondre tous dans des caractères communs. Ce que Dulong et Arago n'ont pu voir, d'autres physiciens l'ont reconnu, il est vrai, mais plus tard ; ce ne fut qu'après les expériences de M. Despretz et les études plus complètes et plus décisives de M. Hegnault, que la question a reçu sa solution définitive. Il a fallu près de vingt ans de retard, de grandes dépenses d'argent et de travail pour réparer le tort qu'avait fait à la physique le caprice de quelques personnes. Contraints d'émigrer, nos savants transportèrent péniblement leurs appareils dans un asile où la science était chez elle, à l'Observatoire ; mais le long tube ne put être replacé, et la loi de Mariotte fut admise. Heureusement on en savait assez pour continuer, et on s'occupa de la vapeur. C'est ici que commencèrent les dangers.

On fit construire une chaudière en fer, aussi solide, aussi bien fermée qu'elle pouvait l'être alors, on la garnit de soupapes de sûreté, on y versa de l'eau et on la chauffa. Il fallait mesurer à chaque moment la température de la vapeur qui se formait et la force d'expansion qu'elle acquérait ; on ne pouvait songer à introduire dans la chaudière des thermomètres de verre qui se fussent écrasés, on les plongea dans des canons de fusil qui pénétraient dans l'intérieur, et pour connaître la pression, on faisait arriver la vapeur par un tube au-dessus du mercure contenu dans le vase de fonte dont nous avons parlé : elle le comprimait, le faisait monter dans le tube qui était resté plein d'air, et la diminution du volume de ce gaz servait à mesurer la pression de la vapeur. On vit alors qu'à 100 degrés la pression de la vapeur fait équilibre à l'atmosphère ; elle augmente ensuite avec une incroyable rapidité, quand la température s'élève. Elle a six fois plus de puissance à 160 degrés, elle atteint trente atmosphères à 230 degrés. À ce moment, elle exerce sur une surface égale à un mètre carré un effort de 310,000 kilogrammes ; c'est plus que le poids de dix locomotives du plus fort échantillon. Ce nombre donne la mesure des dangers auxquels Dulong et Arago s'étaient volontairement soumis. Ils ne connaissaient, à cette époque, absolument rien de précis sur la résistance des chaudières, ou plutôt ils savaient qu'elles éclatent souvent à des plussions beaucoup plus faibles, ce qui n'était pas une raison pour les rassurer. Ils voyaient l'eau filtrer à travers les parois et s'élancer en jets assez nombreux pour vider la chaudière en peu de temps. Ils entendaient la vapeur s'échapper avec des sifflements qui témoignaient de sa puissance, leurs observations elles-mêmes, en mesurant le progrès de la pression, leur rappelaient celui des dangers qu'ils couraient. Ils étaient seuls, et chacun d'eux, sous l'impression de préoccupations solennelles, continuait et notait ses observations en silence. « De telles expériences, dit Dulong, exigent un dévouement que l'Académie n'aurait peut-être pas le droit de demander à chacun de ses membres. »

Toutes les observations recueillies et coordonnées furent résumées ensuite dans un tableau unique où. L'on a mis en regard de leur température les forces expansives de la vapeur. Ce fut pour les constructeurs de machines un guide sur et une des bases des règlements auxquels on soumet ces appareils dans l'intérêt de la sécurité publique ; ce fut pour la science une acquisition précieuse.

Nous venons de rappeler tous les titres scientifiques de Dulong et de Petit. Avant d'arriver à une conclusion sur l'ensemble de leurs travaux, nous croyons utile de compléter pour Dulong, comme nous l'avons fait pour Petit, l'appréciation par la biographie. Ce que nous raconterons des événements et de la vie de Dulong montrera combien il était digne d'estime, et comment la bonté de son cœur, la droiture de son âme, aussi bien que l'élévation de son esprit, l'ont rendu digne des hautes positions qu'il a occupées.

Pierre-Louis Dulong naquit à Rouen, rue aux Ours, le 18 février 1785 ; mais il n'y fut point élevé. Resté orphelin dès l'âge de quatre ans, il fut recueilli par sa tante et marraine, Mme Faurax, qui l'emmena à Auxerre, où elle prit soin de son éducation avec toute la tendresse d'une mère. Si l'on avait voulu chercher dans les premiers instincts de l'enfant une révélation des aptitudes futures de l'homme, on se serait étrangement trompé. Une jolie voix et une disposition musicale très développée avaient fait de Dulong un enfant de chœur accompli, qui avait à la cathédrale des succès de vogue. Il promettait un musicien ; mais son indifférence pour l'étude, qui désolait sa tante et lui attirait des reproches, ne semblait pas le destiner à devenir un savant. Le développement de son intelligence ne fut ni prématuré ni tardif ; il fut régulier, et ne s'arrêta pas. À seize ans, les études mathématiques l'avaient séduit ; il fut admis à l'École polytechnique. On le classa dans l'artillerie au moment où il en sortit. À cette époque, une maladie qui mit ses jours en danger et affaiblit encore une constitution qui n'était pas robuste le sauva d'une carrière qui ne lui promettait pas d'avenir, car il n'y était pas propre. Libre de tous ses engagements envers l'état et de toutes ces influences de famille qui dirigent quelquefois, mais qui imposent souvent le choix d'un état social, ayant assez de ressources pour satisfaire à ses besoins, d'ailleurs très modestes, Dulong résolut de se consacrer aux sciences, dont il avait pris le goût, et il choisit la médecine, qui lui parut les résumer et les appliquer toutes, en même temps qu'elle offre à celui qui la pratique le bénéfice d'une carrière honorable et productive.

Le futur auteur des expériences sur le refroidissement passa ainsi sans déroger de l'École polytechnique à l'École de médecine, appliquant dans l'une les principes exacts qu'il avait puisés dans l'autre, et corrigeant par l'étude des sciences naturelles ce qu'il y a quelquefois de trop absolu dans le raisonnement mathématique, quand on l'applique à des vérités d'observation. Cependant, prévoyant déjà le terme de ses études médicales, il comprit qu'il allait être docteur à un âge où un médecin ne peut inspirer la confiance qui amène une clientèle. Il lui fallait donc non pas acquérir des connaissances, mais des années, et c'est avec une joie sincère qu'il se vit en possession d'un temps précieux qu'il pouvait dépenser à sa fantaisie. On vit alors cet homme si jeune et déjà si instruit employer à des acquisitions intellectuelles les loisirs qu'il avait mesurés, se tracer et suivre un plan de conduite morale à un âge où la préoccupation des plaisirs efface trop souvent les besoins de l'esprit. Je cite une lettre de Dulong à un de ses amis, dans laquelle il se peint lui-même avec autant de modestie que de sincérité.

«... Dans trois ou quatre ans, je serai assez instruit dans la plupart des sciences physiques ou abstraites pour en être arrivé au point où l'on doit choisir celle qui doit devenir l'objet particulier de vos méditations sans cependant perdre de vue les autres.

« Jusqu'à présent, ayant le même succès dans les unes et dans les autres, je n'aurais pas de raison pour en choisir une plutôt qu'une autre ; mais toutes ne sont pas également propres au médecin, toutes ne sont pas également propres à le faire connaître. La chimie nie semble réunir le double avantage de faire comme partie de la médecine et de fournir facilement un nom. C'est donc à la chimie que je consacrerai ces dix belles années que le préjugé public me force de passer dans l'obscurité.

« … J'ai disposé mes occupations de manière à cultiver avec fruit toutes les sciences que j'étudie sans oublier la littérature et les langues…

« Je débute chaque jour par un morceau de Corneille ou de Racine, que je ne me lasse pas de relire ; ensuite je consacre une heure, une heure et demie à l'étude des mathématiques, travail pénible qui doit être longtemps continué avant de rien produire, mais indispensable à tout homme qui veut être vraiment instruit ; je vais ensuite à ma clinique, et, de retour, je m'occupe pendant deux heures des maladies que j'ai observées. Immédiatement après, je lis quelques ouvrages, soit de chimie théorique, soit de physiologie ; enfin je termine mon travail par la littérature et les langues latine et grecque alternativement. Je me suis imposé pour première loi d'aller toujours du meilleur au plus mauvais, par la raison que le goût est la chose essentielle pour moi. Aussi ai-je commencé par voir Racine, Corneille, Boileau, et je n'en ai point vu d'autres. Je me suis imposé la même loi pour le théâtre. Comme j'en faisais un objet d'instruction plutôt que d'amusement, je n'allais voir que des pièces de Corneille ou de Racine, et lorsque je les avais lues ou méditées auparavant… J'ai aussi cherché à me former le goût dans la composition de la musique, en fréquentant les meilleures sources que je connaisse, l'opéra italien. Ajoute à cela que je m'occupe de botanique, d'histoire naturelle, et que je consacre deux jours par semaine à la pratique de la chimie, et tu auras une idée complète de la manière dont j'emploie mon temps. »

Cependant si la médecine, au point de vue de la science générale, conservait toujours pour Dulong le charme qui l'avait attiré, le côté de la pratique perdait tous les jours les attraits qu'il s'y était promis. Dulong avait l'âme sensible, et les douleurs qu'il voulait guérir lui inspiraient de la tristesse. Une circonstance bien pénible augmenta ses doutes. Mme Faurax, à laquelle il avait rendu pour les soins qu'elle lui avait donnés toute l'affection d'un fils, tomba malade à Auxerre, et quand il alla lui porter ses secours, il apprit que la médecine peut être réduite à l'impuissance, même quand elle est soutenue par l'affection, et qu'elle devient quelquefois criminelle quand elle est faite comme un métier par des hommes ignorants. Celui qu'il trouva près de sa tante parait avoir été du nombre. Il fut pris d'un insurmontable dégoût, et envisagea l'avenir sous le plus triste aspect ; « car tel est, dit-il, un de mes plus grands défauts, que je tire plus de conséquences pour l'avenir d'une circonstance fâcheuse où je me suis trouvé que de celle que m'offrirait une perspective agréable. » A partir de ce moment, les autres sciences prirent dans ses occupations la place que perdait la médecine. On le surprenait quelquefois à plaisanter au sujet de ceux qui l'exercent avec le plus de distinction. Il était allé consulter Chaussier à l'occasion de maux d'estomac qu'il éprouvait, afin d'apprendre « comment on s'en tire quand on n'a rien à dire. » Tout en cessant de voir dans cette profession le but de ses études, il continuait de la pratiquer pour le bien qu'elle peut faire. Il avait pour clientèle des jeunes gens ses camarades, qu'il visitait gravement, ponctuellement, sans en rien recevoir que leur amitié et presque leur respect ; il donnait surtout ses soins aux ouvriers nécessiteux du quartier Saint-Victor, qu'il habitait. Il se fit parmi eux une réputation qui s'étendit rapidement, et il la devait encore plus aux secours qu'il distribuait qu'au talent de guérir dont il faisait preuve. Ses amis remarquaient que ses ressources diminuaient à mesure que ses clients augmentaient ; celle remarque est un éloge délicat qui méritait d'être recueilli.

Les succès qu'il obtenait dans l'étude et la pratique de la chimie valurent enfin à Dulong la protection de Berthollet et lui ouvrirent le laboratoire d'Arcueil ; dès lors sa carrière fut fixée. Il avait tant de conscience dans l'accomplissement de ses moindres devoirs, tant d'égalité dans son humeur, de régularité dans ses mœurs et dans toute sa personne, un si heureux mélange de modestie et de dignité, qu'il acquit aisément la bienveillance et même l'amitié des savants illustres qui composaient alors la société d'Arcueil, où il se fit bientôt une place par sa persévérance au travail et l'immense étendue de ses connaissances. Il pouvait en effet raisonnera la fois sur la botanique, les mathématiques, la physique et l'astronomie avec les Decandolle, les Laplace, les Biot, les Arago. Bientôt, tirant parti des ressources que lui offrait le laboratoire, il publia sur la décomposition des sels un mémoire qui le mit en lumière, et il fut nommé répétiteur à l'École normale, sous la direction de M. Thénard, dont il prépara les leçons.

En 1811, Dulong dut à une découverte importante une célébrité qu'il allait payer cher ; il fit arriver du chlore au milieu d'une dissolution de sel ammoniac et vit se former une substance huileuse qu'il recueillit. En consultant les affinités des corps mis en présence dans cette réaction, il crut pouvoir établir que le nouveau composé était une combinaison de chlore et d'azote, et il en étudia les propriétés. La plus remarquable de toutes, c'est que les éléments qui le composent ne sont associés que d'une manière très fugitive, et qu'ils se séparent sous des influences diverses avec une telle rapidité, qu'ils brisent les vases avec une détonation terrible et en projetant les éclats avec autant d'énergie que la poudre quand elle s'enflamme. Si on note que la moindre augmentation de température, le plus léger frottement suffisent pour déterminer cette action, que même elle se peut produire spontanément, on comprendra quelle dangereuse acquisition Dulong avait faite, et combien de périls il avait amassés sur lui. Une première explosion le blessa gravement sans le guérir de sa curiosité : il ne voulait abandonner le sujet qu'après avoir au moins établi par des expériences irrécusables la composition encore problématique du chlorure d'azote, et il disposa des appareils pour en faire l'analyse. Comme toutes les personnes exposées souvent à des dangers, les chimistes arrivent à les mépriser, et, par une imprudence sans excuse, négligent trop fréquemment les précautions qui les mettraient en sûreté. Dulong n'avait ni prévu ni redouté l'explosion qui le menaçait ; elle eut lieu avec une énergie inaccoutumée au moment où, la main placée sur ses appareils, il observait attentivement la réaction. Il y perdit un œil et deux doigts de la main droite. Il n'était pas homme à exploiter à son profit l'intérêt qui s'attache aux victimes de leurs imprudences scientifiques, mais il était de ceux qui n'en tiennent aucun compte. À peine guéri, il était prêt à s'exposer à de nouvelles mutilations, si M. Thénard n'avait, par des défenses formelles, imposé des limites à un dévouement qui n'était pas justifié.

Sa réputation comme chimiste était déjà établie et commençait à s'étendre. L'École polytechnique se l'attacha comme examinateur des élèves, et l'école vétérinaire d'Alfort comme professeur de physique. Son sort était dès lors honorablement fixé dans le professorat, son bonheur intime était assuré par un mariage contracté en 1804, dans lequel il avait suivi les inspirations de son cœur, et sa vie s'écoulait paisiblement entre la culture des sciences et les joies de la famille, qu'il mit toujours au-dessus des satisfactions du monde, pour lesquelles il n'avait jamais eu que de l'éloignement. C'est au milieu de ces éléments de joies personnelles et de situation sociale qu'il forma avec Petit l'association dont nous avons longuement fait connaître les résultats, et qui ne cessa d'être un des charmes de sa vie qu'au moment où la mort de son ami la vint rompre. Dulong recueillit l'héritage d'une réputation acquise en commun et succéda à Petit dans ses fonctions de professeur à l'École polytechnique. Ce ne fut pas une consolation après une si grande perte.

Un nombre considérable de travaux accomplis avec conscience et activité valurent à Dulong les plus honorables récompenses. Il était membre de l'Académie des Sciences depuis 1823, et avait été choisi pour remplacer Cuvier comme secrétaire perpétuel ; il occupait une chaire à l'École polytechnique et une autre à la l'acuité des sciences, et il apportait dans ses diverses fonctions le soin, le zèle, la conscience qui étaient dans son caractère. Ses leçons, toujours soigneusement préparées, étaient méthodiques et nourries ; il n'avait ni la puissance ni l'entraînement de M. Thénard, ni la vive activité de Gay-Lussac, ni l'éloquence abondante de M. Biot. Il était clair et précis ; jamais on ne le voyait s'abandonner à l'inspiration ; il s'étudiait à purifier son langage, il parlait avec lenteur, choisissait ses expressions, et les attendait au besoin ; l'art de faite un cours se confondait chez Dulong avec celui de l'écrire, il négligeait l'action. Ce soin continuel de bien dire, les hésitations qui en résultaient, une gravité qui ne se démentait jamais, et surtout une apparence timide qui venait de la modestie et qu'on prenait pour de l'embarras, répandaient dans ses leçons une froideur qui se communiquait à l'auditoire et de là réagissait sur le professeur. À la Sorbonne, où les auditeurs, moins rompus aux mathématiques, ont besoin de plus d'abondance dans les détails et demandent à être attirés par un certain appareil d'expériences curieuses, il effrayait par la profondeur de ses développements et n'attirait pas la foule ; mais le petit nombre d'élèves qui lui restaient fidèles lui suffisait ; il aimait mieux instruire quelques hommes sérieux qu'amuser beaucoup de gens désœuvrés. À près ses leçons, il ne croyait pas avoir suffisamment rempli son devoir ; il recevait ses auditeurs dans son cabinet, provoquait leurs objections, les écoutait sérieusement, qu'elles fussent sensées ou non, et les résolvait toutes avec une patience parfaite et une bonté toute paternelle. Cette bonté qui se lisait dans tous ses traits était, avec la justice, la plus grande richesse de son âme ; il soulageait toutes les douleurs qu'il connaissait et protégeait tous ceux qui le méritaient ; ses élèves l'adoraient, et chacun le vénérait. « Il fallait que Dulong fut bien recommandable, a dit de lui un de ses collègues, puisque dans une carrière scientifique de trente ans, il n'a jamais été le sujet d'aucun écrit, d'aucune phrase susceptible de lui faire quelque peine. »

En 1830, au moment de la réorganisation de l'École polytechnique, Dulong y fut nommé directeur des études. Rien de ce qu'un homme peut ambitionner ne lui manquait alors. Heureux dans sa famille qu'il ne quittait pas, à la tête d'une école où il avait été élevé aux sciences, membre de toutes les académies de l'Europe, secrétaire perpétuel de l'Institut, aimé de tous ses collègues, vénéré de tous ses élèves, toujours modeste, n'ayant fait que le bien, il jouit pendant quelques années de ce bonheur qu'il avait acquis par son travail et par son caractère. Il remplit tant qu'il le put ses nombreux devoirs, et quand sa santé commença à s'affaiblir, il résigna les fonctions qui l'honoraient davantage pour garder celles où il était le plus utile. Il mourut sans avoir connu le repos lu 18 juillet 1838 ; il avait cinquante-trois ans.

Depuis cette époque, la science qu'avaient cultivée Dulong et Petit a poursuivi son développement. Plus habile encore qu'ils ne l'avaient été eux-mêmes, éclairé d'ailleurs par leurs travaux, averti par leurs fautes, M. Regnault a soumis toutes leurs expériences à une révision sévère, et les a contrôlées comme ils avaient fait jadis au sujet de leurs devanciers. Grâce à ces nouveaux progrès, nous sommes préparé à juger sans engouement, mais sans injustice, la valeur des recherches dont nous avons résumé les points principaux. Si pour un moment nous oublions les résultats obtenus, et que nous comparions la manière de procéder de Dulong et Petit à celle des physiciens qui les ont précédés, nous voyons ceux-ci employer, sans en avoir étudié la signification, des thermomètres très variables, et ceux-là commencer leur campagne scientifique par un examen approfondi de cet instrument, sur lequel allaient reposer toutes leurs mesures. Avant eux, on imaginait théoriquement, comme le faisait Dalton, des lois que l'on ne se donnait pas la peine de justifier, ou bien l'on se contentait de quelques expériences vagues, sans les discuter, sans se préoccuper de les rendre précises, puis on les généralisait. Dulong et Petit signalèrent, dès les premiers pas qu'ils firent, l'insuffisance de cette méthode, en montrant toutes les erreurs qu'elle avait introduites. Devenus sévères pour eux-mêmes comme ils l'étaient pour les autres, ils multipliaient les mesures, attachaient de l'importance aux moindres détails, les décrivaient avec soin, comme s'ils avaient voulu enseigner à leurs lecteurs par quelle minutieuse et continuelle surveillance on parvient à réduire toutes les chances d'erreur, si nombreuses qu'elles puissent être. Au lieu d'exprimer en gros, par une formule générale, la marche d'un phénomène, nous les avons vus, dans l'étude du refroidissement, rechercher avec soin toutes les influences qui le compliquent, puis attaquer séparément chacune d'elles pour en mesurer l'effet, et arriver enfin à nous donner la loi finale et vraie dans laquelle interviennent toutes les causes qui concourent à modifier les actions naturelles. Il arriva que ces exemples si nombreux, et qui s'appliquaient a des études compliquées, transformèrent presque subitement les habitudes des expérimentateurs. Le laisser-aller disparut, le sentiment de l'exactitude se développa, la méthode d'expérimentation se perfectionna, et une école nouvelle fut fondée. Ces progrès généraux, dus aux enseignements et aux exemples de Dulong et Petit, sont leur plus grand et leur plus impérissable titre à la reconnaissance ; il n'est pas le seul. L'ensemble imposant de leurs découvertes prouve qu'ils savaient joindre l'exemple au précepte. La loi sur les capacités des atomes leur assure une gloire impérissable, et le travail sur le refroidissement sera toujours lu comme un modèle de l'art expérimental. Sans doute ils ont commis des erreurs, et nous les avons signalées : ils admettaient que tous les gaz se dilatent également et se compliment de la même manière, ce qui n'était qu'une approximation insuffisante ; mais pour apprécier à leur valeur les travaux plus habiles qui ont dévoilé ces inexactitudes, il n'est pas nécessaire que l'on soit injuste envers Dulong et Petit, et qu'on leur reproche trop sévèrement de n'avoir pas atteint la perfection qu'ils poursuivaient. Il faut les juger, non pas sur ce qu'ils ont laissé ignorer, mais sur les vérités qu'ils ont découvertes.

ISBN : 978-1722100940

www.ingramcontent.com/pod-product-compliance
Lightning Source LLC
Chambersburg PA
CBHW051335220526
45468CB00004B/1657